《平平和安安：大熊猫兄弟的团聚故事》
主创团队

著 方盛国

绘 王 炜

科学顾问 张和民

特约策划 马小玫 路永斌 吴永胜 雷颖虎 罗 曦
策 划 朱文秋 孙丽萍

绘本助理 赵乐宜 张 一 李禹霏 方 臻 孙嘉贻
　　　　　 李艾希 瞿 森 孙伊诺

支持单位 浙江大学
　　　　　 中国大熊猫保护研究中心
　　　　　 成都大熊猫繁育研究基地
　　　　　 秦岭大熊猫研究中心

珍稀动物绘本

平平和安安

大熊猫兄弟的团聚故事

方盛国 / 著　　王 炜 / 绘

上海科学技术文献出版社
Shanghai Scientific and Technological Literature Press

在全世界广受喜爱的中国大熊猫，有着许多不为人知的故事。大熊猫诞生在中国这片土地上，已生存繁衍了800万年。它们，就像中国人一样，拥有悠久深厚的传统习俗。

我们的故事，要从平平和安安——一对失散了上万年之久的大熊猫兄弟说起……

萌萌敦厚的大熊猫平平,家住中国陕西省地处秦岭山脉的佛坪县。

憨态可掬的大熊猫安安,家住中国四川省依傍横断山脉的宝兴县。

农历三月初三,是大熊猫家族传统习俗中的"沐浴节"。

一大早,妈妈和小宝宝安安来到了宝兴河。他们站在岸边,用清澈的河水浇遍全身。

然后一头扎进河里,潜泳了一分钟。

探出头来，逆流而上，游出一千米左右的距离，再顺流而下，返回原地。

坐在水中的大石头上，妈妈和安安搓洗着身上的污垢，仔仔细细、从头到脚。不一会儿，身体的前面部分就洗得一干二净。不过，清洗背部时，妈妈和安安就要相互帮忙，给彼此"搓泥"啦。

沐浴后,妈妈和安安一起享受着春季山野的暖暖朝阳。清风徐来,他们的毛发洁净干松、闪烁光亮。透过清澈明亮的眼睛,可知他们的心情是多么愉悦欢畅!

这就是四川熊猫——黑白两色,简简单单;体形肥硕,稚拙呆萌。憨态可掬的样子,让人忘记一切烦恼。

与此同时,中国大熊猫的另一个栖息地——陕西佛坪,阳光灿烂。熊猫宝宝平平和妈妈也正要去金水河,举行独特的沐浴仪式。

妈妈刚要给平平搓洗后背,平平却焦躁地哭出声来。

"妈妈,为什么我们的肚子是棕色的?我昨天看了一本书,书上说,大熊猫的毛应是黑色和白色,而不是棕色!我们是不是生病了?"平平问。

"原来我的孩子是因为肚子上的毛色哭鼻子呀!"妈妈哈哈笑了起来。她叫平平转过身,说:"我们秦岭熊猫肚子上的毛发,都是棕色的。"

这是老祖宗遗传给我们的颜色,任凭你怎么洗,都是永远的棕色。

听到这里,平平停止了哭泣,又问妈妈:"那究竟是棕色漂亮,还是黑白更漂亮呢?"

"嗯……这很难比较。有人喜欢黑白色,有人喜欢棕色,各有各的美。反正,我们棕色的毛发,也有好多粉丝耶!"妈妈安慰平平。

平平终于放下心来,破涕为笑,欢快地跟着妈妈走在了回家的路上。

很多人以为大熊猫家族只有四川熊猫这一支,其实不然。现代科学发现大熊猫,是一场令人惊喜的意外。

1869年,法国传教士阿尔芒·戴维(Armand David)在现今的四川省宝兴县获得了一张大熊猫的皮张样品,首次将大熊猫命名为一个新物种。

136年后,即2005年,中国浙江大学方盛国教授在陕西省佛坪县根据头骨和皮张样品,首次将秦岭的大熊猫科学命名为"秦岭新亚种",更新了人们对大熊猫种群的认识。大熊猫家族有着不同的种类!

四川熊猫有了秦岭熊猫这个亲兄弟！而大熊猫家族的历史，也从此被改写了！

约 8—7 百万年前　　　　约 2.4—2 百万年前　　　　约 0.7 百万年前
≈ 8-7MYA　　　　　　　≈ 2.4-2MYA　　　　　　　≈ 0.7MYA

始熊猫　　　　　　　　小种大熊猫　　　　　　　　巴氏亚种大熊猫
Ailuaractos lufengensis　　*Ailuropoda microta*　　*Ailuropoda melanoleuca bacon*

约 1.2—1 万年前
亚种分化
Subspecies Separation
≈ 12–10KYA

大熊猫
Ailuropoda melanoleuca

秦岭亚种
Qinling Subspecies
(*Ailuropoda melanoleuca qinlingensis*)

四川亚种
Sichuan Subspecies
(*Ailuropoda melanoleuca melanoleuca*)

眼下，科学家们正在策划让已有一万余年未曾谋面的秦岭熊猫和四川熊猫兄弟重聚，以便开展对两个大熊猫亚种的比较研究工作。

　　在科学家们看来,有关大熊猫家族的许多问题仍有待回答,例如:大熊猫身体颜色是怎么进化形成的?为什么有的母熊猫怀孕两个多月就产下了小宝宝,而有一些母熊猫却要经过十月怀胎才能产下小宝宝呢?

农历四月初六,是大熊猫家族传统习俗中的"家园节"。在这个节日里,上一年出生的熊猫宝宝,都要在妈妈的带领下,去认识和了解自己的美丽家园。

家园,是千百万年以来孕育和滋养大熊猫家族的自然避风港,是支撑大熊猫家族世世代代生生不息的根。

在秦岭山脉，熊猫平平的家园，隐匿于佛坪国家级自然保护区之中。在这里，金丝猴秦岭亚种、羚牛秦岭亚种和红腹锦鸡等动物，是与平平家族相伴共生的左邻右舍。

在佛坪，大熊猫们所吃的竹子，主要是秦岭箭竹和巴山木竹两种。

巴山木竹

秦岭箭竹

在横断山脉,熊猫安安的家园,深藏于蜂桶寨国家级自然保护区之中。生活在这里的金丝猴四川亚种、羚牛四川亚种、小熊猫、黑熊和绿尾虹雉等动物,是跟安安家族世代相伴的邻里伙伴。

在蜂桶寨，大熊猫们的主食竹子包括拐棍竹、大箭竹和冷箭竹。

拐棍竹

大箭竹

冷箭竹

4~6平方千米的家园面积,是一只成年大熊猫集吃、喝、拉、撒、睡和繁育后代于一体的独居场所。栖息于自己的家园,大熊猫们不会受到外界的惊扰,总是心无旁骛,吃了睡、睡了吃,悠闲自得。

每一天，大熊猫们都要在自己的家园里花上超过 14 个小时的时间来取食 20 千克以上的竹子。

不过，大熊猫们每天虽然吃得很多，但由于消化系统对竹子中营养成分的消化吸收率极低，吃进去的竹子，至少有95%都变成了粪便被排出体外。因此，为了满足身体的能量需求，大熊猫们总是在不停地吃，吃累了就呼呼大睡。

吃饭
（竹子刚下肚）

95%变成粪便排出体外

睡觉

生存环境直接决定了中国大熊猫胖乎乎、惹人爱的体形特征。从古至今,即便是气温如常的冬季,佛坪和宝兴两地都比较寒冷。因此,大熊猫们必须要有厚实的脂肪层才能抵御低温严寒。

科学家们研究发现：早在200多万年前，大熊猫家族就采取了大量取食竹子来囤积身体能量的生存策略。而随着身体中富余能量的日渐囤积，它们的体形也逐渐地从娇小轻盈，变得庞大圆润。现如今，形容圆润丰腴的"滚滚"一词，已然成为大熊猫的代名词啦。

我吃竹子！

迄今所知，大熊猫是地球上唯一一种只依靠取食竹子来维持生存繁衍的食肉目动物。当然，仅仅依靠取食竹子来支撑庞大身躯的能量供给，还是远远不够的。

为了最大限度地降低身体的能量消耗，大熊猫这个奇特的家族，不仅在行为特征上发生了改变，还进化出身体形态结构的"新模式"，应对竹子营养吸收率低下的问题。

例如，改吃竹子的大熊猫，用萌萌懒懒和慢腾腾的节奏生活，不再快速敏捷地去捕杀猎物。

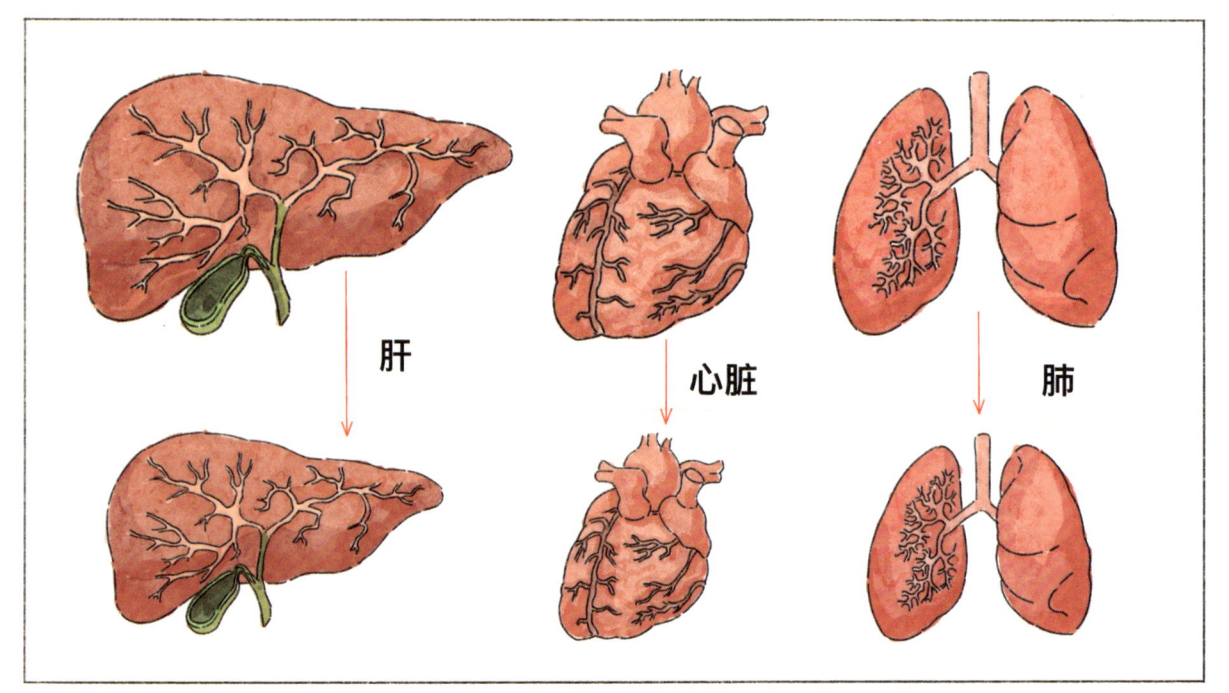

肝　心脏　肺

同时大熊猫内脏器官适应性进化变小，减少身体的能量消耗，从而应对机体对竹子营养吸收率低的问题。

腊月二十八，又到了家家户户挂年画的"年画节"了。"你们上午挂完年画，就该跟我坐飞机，去陕西佛坪探望失散多年的亲人啦。"两天前，大熊猫专家就将这次"回乡团聚计划"告诉了安安和安安妈妈。

很快,年画节就到了。安安一大早起来准备挂年画。一打开画卷,就惊呼起来:"这是谁呀?"

这是谁呀?

妈妈笑着回答:"这是我们中国大熊猫共同的老祖宗啊!"

　　"距今约 20 万年前,秦岭山脉是唯一拯救了大熊猫种族的诺亚方舟。被秦岭庇护下来的大熊猫,就是我们今天四川熊猫和秦岭熊猫共同的先祖。只是后来在 1.2 万至 1 万年前发生了大冰川突袭,才把秦岭的熊猫兄弟跟我们分隔开来。而后我们彼此独立进化发展,就分别长成了黑白色的四川大熊猫亚种和部分保留了老祖宗棕色毛发的秦岭大熊猫亚种了。"

"我们跟秦岭熊猫兄弟的长相虽然有差别,不过,大熊猫家族却共享着许多传统习俗。在中国春节,所有的中国人都会和家人团聚,我们也不例外。过两天就能跟秦岭的兄弟团聚啦!"安安妈妈幽默地说。

挂完年画，听完家族的历史故事，安安和妈妈就跟随科学家们登上飞机，飞向陕西佛坪，准备和熊猫平平一家"欢度春节"了。

腊月廿九

腊月二十九,是大熊猫家族传统习俗中的"功夫节"呢,四川宝兴的熊猫安安终于跟秦岭的熊猫平平在佛坪国家级自然保护区见面了。

这一天，佛坪保护区大雪纷飞，银装素裹。

天刚蒙蒙亮,平平和安安就兴奋地醒来。雪地里,兄弟俩看着彼此,好奇地打量着对方的脸和肚子,并走到一起玩闹起来。

没过半天,他们就形影不离,玩起了堆雪人、滚雪球的游戏。

坪台上,平平和安安聚精会神地堆着雪球和雪人。不一会儿,雪球和雪人就堆好了。

他们将雪球推到了坪台边缘。"一、二、三!"话音刚落,大雪球、小雪球,连同平平和安安,一起滚下了雪坡。

快速滚动的熊猫球球,好似一幅飞速旋转的太极图。

山坡下，平平和安安气定神闲，运用"中国功夫"让雪球在双掌内上下左右转个不停。随着速度的加快，太极功法下的雪球从有形变无形，最终形成了两个气状太极球。

平平和安安各自用力一推,太极球以迅雷不及掩耳的速度飞出去。他俩借势出手——"咔嚓、咔嚓",一大一小两棵树齐腰断了!

熊猫功夫,刚柔并济。
熊猫家族,世代相传。

"咚咚咚咚锵……咚咚咚咚锵……"中国农历新年的盛大庆祝活动，从热闹的除夕夜开始了。

为了庆祝秦岭熊猫平平与四川熊猫安安的团聚过年,科学家们邀请这一对大熊猫兄弟携手为中国的大熊猫自然保护区创作一副春联。

不一会儿,春联就创作完成了。

平平创作的上联是:

川熊猫黑白简明友善可亲,与亲朋千载相伴风雨同舟。

安安创作的下联是:
秦猫熊棕白单纯和蔼率真,跟好友万古随行荣辱与共。

横批……横批……横批又是什么呢?

在大家热切的期盼中,两个熊猫宝宝异口同声地宣布:"平平安安!"兄弟俩相视一笑,抱在一起,欢快地在雪地上滚来滚去。

大拜年

"咚咚咚咚锵……咚咚咚咚锵……"正月初二,是大熊猫家族传统习俗中"大拜年"的一天!

"大拜年"节日是新年的第一个访亲拜友日。可是平平和安安光顾着和对方玩耍,都不愿意跟妈妈出去串门。

大熊猫家族过年要访亲拜友,这是我们的习俗,不可不去。

两位熊猫妈妈异口同声,严肃地对孩子们说:"我们大熊猫家族的访亲拜友习俗,已经相传了200多万年了。通过这个活动,你们可以深入了解你的邻居,还能认识很多朋友。不可以不去哦。"

"朋友嘛，可以跟你一起玩耍，分享你的快乐，分担你的忧愁。最为重要的是，朋友之间谁有了危难，大家都会伸出援助之手，共渡难关。也正因为我们家族一直保持着这样的习俗传统，才成为食肉目动物中唯一写就800万年从未间断恢弘历史的'神兽'。"

平平和安安欢蹦乱跳地跟随两位妈妈，看望了老朋友羚牛，走访了近亲——小熊猫和黑熊，参加了由狼和金丝猴共同主办的新春聚会，拜会了以朱鹮为会长的飞鸟协会……虽然忙碌了一整天，但小家伙们却热情不减，觉得"家族的大拜年"太有趣了。

妈妈，我明白了，咱们拜亲访友去吧！

　　时间过得真快,转眼就大年初三了。熊猫安安和妈妈回宝兴老家的时候到了,平平依依不舍。

你还会再来看我吗?

"你还会再来看我吗?"

"当然……明年春节,我也邀请你来我们四川熊猫的家园。而且,被誉为'熊猫之都'的成都,还是举世闻名的天府之国呀!琳琅满目的成都小吃,形形色色的大熊猫玩具,一定会令你流连忘返。"安安调皮地说。

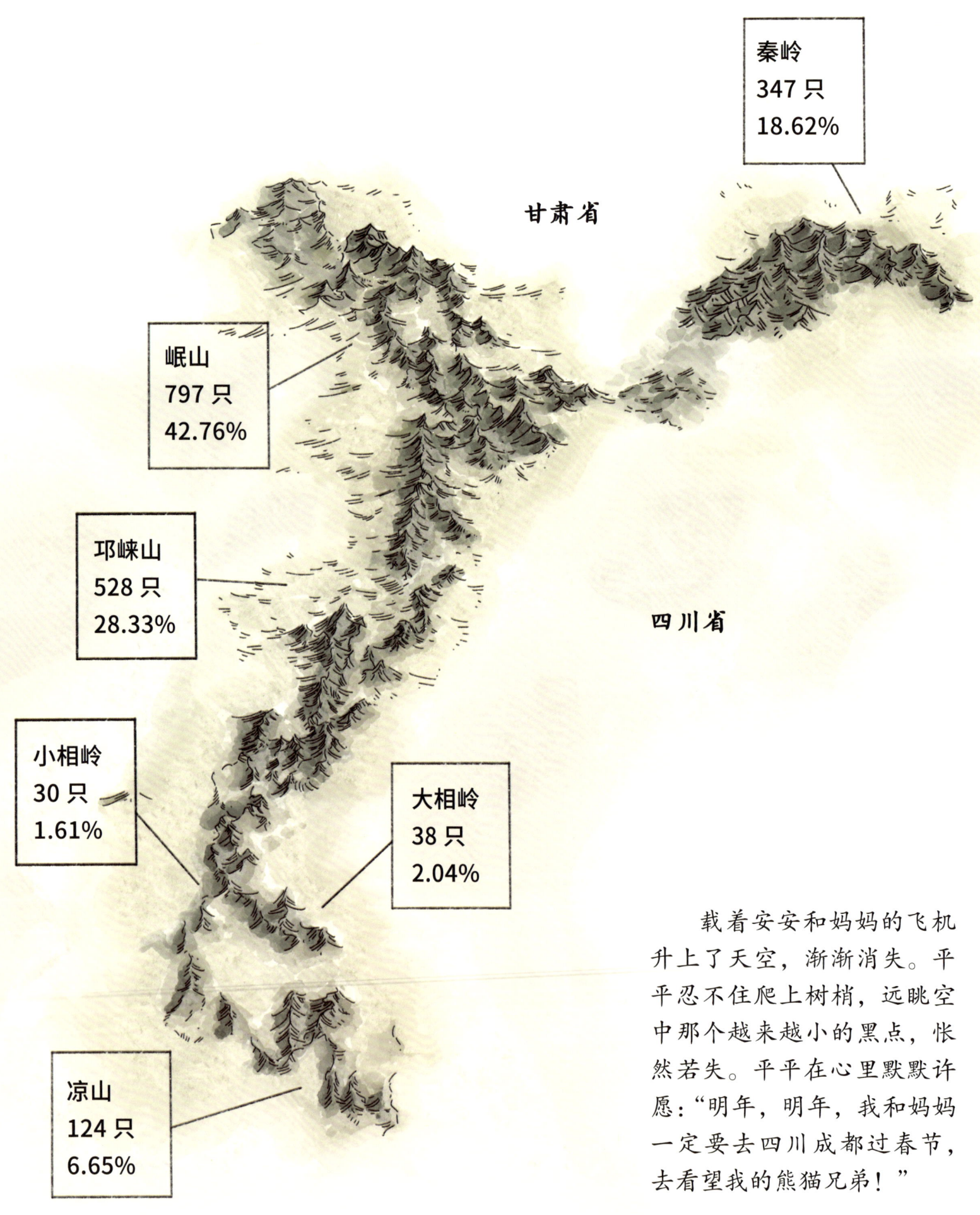

秦岭
347 只
18.62%

甘肃省

岷山
797 只
42.76%

邛崃山
528 只
28.33%

四川省

小相岭
30 只
1.61%

大相岭
38 只
2.04%

凉山
124 只
6.65%

　　载着安安和妈妈的飞机升上了天空，渐渐消失。平平忍不住爬上树梢，远眺空中那个越来越小的黑点，怅然若失。平平在心里默默许愿："明年，明年，我和妈妈一定要去四川成都过春节，去看望我的熊猫兄弟！"

陕西省

天空中,飞机逐渐消失的地方,不知何时飘来了两朵白云,像一颗心紧挨着另一颗心。

方盛国

方盛国，浙江大学求是特聘教授，国家杰出青年科学基金获得者，保护生态学家。现任国务院学位委员会第八届生态学学科评议组成员（自第七届连任）和国家濒危野生动植物种质基因保护中心主任。

在大熊猫保护研究中，方盛国教授带领团队首次发现了秦岭大熊猫是当代大熊猫的祖先种群，并将其科学命名为一个独立的新亚种——秦岭亚种；首次发现了大熊猫生殖能力比其他哺乳动物弱小，同时获得了大熊猫适应从食肉到食竹子巨大食性转变而进化出较小内脏器官以降低身体能量消耗的基因证据；首次建立了从粪便中提取大熊猫基因组DNA的技术方法，并制作了大熊猫的第一张基因身份证；首次建立了遏制大熊猫遗传畸形发生和提高圈养种群繁殖成功率的技术规程；出版了《大熊猫保护遗传学》和《大熊猫进化历史及保护工程》两部专著；大熊猫研究成果获得国家技术发明二等奖和教育部自然科学二等奖；获得国务院政府特殊津贴、全国自然保护区科研先进个人、国家重点基础研究发展计划（973项目）先进个人等荣誉和称号。

近年来，方盛国教授开拓了大熊猫科学文化艺术创作与国际传播的探索研究工作，创作出版《活了800万岁的大熊猫》和《平平和安安：大熊猫兄弟的团聚故事》两部科学文化艺术类绘本。创作的科普历史文化文学剧本《熊猫中国》，已改编为3D动画故事电影《我从中国来之熊猫泰山》而经国家电影局立项，并担任总策划和编剧。

经方盛国教授等人的努力，3D动画故事电影《我从中国来之熊猫泰山》主形象正式成为2020迪拜世博会中国馆吉祥物。方盛国教授受邀担任此届世博会中国馆顾问，并在大熊猫常设展项《中国熊猫》3D动画影片中担任总策划、总编剧和总导演。

王 炜

漫画家、插画家和动画导演。大学期间学习动漫插画，并获得北京电影学院动画学院奖评委会特别奖。拥有近20年动画导演、艺术总监和漫画插画创作经验。对中国传统绘画题材和野生动植物题材情有独钟，并热衷于为儿童创作！参与了2020迪拜世博会中国馆大熊猫展区的前期概念设计工作和黄山城市规划展示馆序厅动态CG长卷的艺术主创工作。

图书在版编目（CIP）数据

平平和安安：大熊猫兄弟的团聚故事 / 方盛国著；王炜绘. —上海：上海科学技术文献出版社，2021
（珍稀动物绘本）
ISBN 978-7-5439-8353-3

Ⅰ.①平… Ⅱ.①方… ②王… Ⅲ.①大熊猫—普及读物 Ⅳ.① Q959.838-49

中国版本图书馆 CIP 数据核字（2021）第 133002 号

策划编辑：朱文秋
责任编辑：李 莺　刘蔓仪　栾 鑫
封面题字：马小玫

平平和安安：大熊猫兄弟的团聚故事
PINGPING HE AN'AN: DAXIONGMAO XIONGDI DE TUANJU GUSHI
方盛国　著　王　炜　绘
出版发行：上海科学技术文献出版社
地　　址：上海市长乐路 746 号
邮政编码：200040
经　　销：全国新华书店
印　　刷：苏州工业园区美柯乐制版印务有限责任公司
开　　本：889mm×1000mm　1/12
印　　张：6 1/3
版　　次：2021 年 8 月第 1 版　2021 年 8 月第 1 次印刷
书　　号：ISBN 978-7-5439-8353-3
定　　价：98.00 元
http://www.sstlp.com